Zebulun Maiwada
Surajudeen Abdulsalam

Produção de tinta de emulsão para casa usando PVC e goma arábica como aglutinante

Zebulun Maiwada
Surajudeen Abdulsalam

Produção de tinta de emulsão para casa usando PVC e goma arábica como aglutinante

Uma inovação líder na utilização de um aglutinante natural

ScienciaScripts

Imprint
Any brand names and product names mentioned in this book are subject to trademark, brand or patent protection and are trademarks or registered trademarks of their respective holders. The use of brand names, product names, common names, trade names, product descriptions etc. even without a particular marking in this work is in no way to be construed to mean that such names may be regarded as unrestricted in respect of trademark and brand protection legislation and could thus be used by anyone.

Cover image: www.ingimage.com

This book is a translation from the original published under ISBN 978-3-659-82275-9.

Publisher:
Sciencia Scripts
is a trademark of
Dodo Books Indian Ocean Ltd. and OmniScriptum S.R.L publishing group

120 High Road, East Finchley, London, N2 9ED, United Kingdom
Str. Armeneasca 28/1, office 1, Chisinau MD-2012, Republic of Moldova, Europe
Managing Directors: Ieva Konstantinova, Victoria Ursu
info@omniscriptum.com

Printed at: see last page
ISBN: 978-620-8-39416-5

DECLARAÇÕES

Com o devido respeito e sincera gratidão, agradeço profundamente ao meu orientador, Engr. Dr. S. Abdulsalam, por ter disponibilizado o seu tempo, apesar dos seus horários apertados, para me corrigir, orientar, aconselhar e inspirar na realização deste trabalho de investigação. Os seus imensos contributos fizeram deste trabalho de investigação um enorme sucesso.

Agradeço de coração aos meus pais, Rev. e Sra. Maiwada S. Dauma (Rtd), pelo seu patrocínio e apoio em vários aspectos dos meus estudos. Agradeço aos meus irmãos pelo seu apoio financeiro e moral. Agradeço aos meus tios, Sr. e Sra. Daniel Peace Dallah, Sr. e Sra. Barnabas Kwaskina, Sr. Momoh do Laboratório de Química e Mal. Suleiman do Laboratório de Engenharia do Petróleo pelo seu apoio de diversas formas a este trabalho de investigação. Agradeço ao meu amigo John e ao meu colega Ahmed por terem estado ao meu lado durante todo o período deste trabalho de investigação.

Por último, agradeço a Deus o seu amor, a sua provisão, a sua orientação e a sua proteção sobre a minha vida durante todo o período dos meus estudos, e que o seu nome seja louvado para sempre.

RESUMO

Tendo em conta o elevado custo das tintas, foi efectuado um estudo sobre a produção de tintas domésticas de emulsão, complementando o aglutinante sintético normalmente importado (PVA) com um aglutinante disponível localmente (goma arábica) em várias proporções de aglutinante sintético (PVA). A amostra A tinha 100% de PVA sintético na sua composição, a B tinha 80%PVA:20%GA, a C tinha 60%PVA:40%GA, a D tinha 40%PVA:60%GA, a E tinha 20%PVA:80%GA nas suas composições e a amostra F tinha 100% de goma-arábica na sua composição. Foram utilizadas formulações de tinta padrão e metodologia de produção de tinta. As seis (6) amostras deram tintas de emulsão de alta qualidade em termos de opacidade, facilidade de aplicação, cobertura e estabilidade. Foram efectuadas análises físico-químicas em todas as amostras para testar o pH, a viscosidade, a cobertura e a força de ligação. Os resultados obtidos mostraram que o aglutinante local utilizado (solução de goma arábica) proporcionou uma boa adesão, opacidade, cobertura e uma excelente força de ligação. O custo de produção de 5 L de tinta de emulsão utilizando 100% de solução de goma-arábica como aglutinante foi de N1218,822, o que foi mais barato quando comparado com o preço de produção de tinta de emulsão utilizando 100% de PVA como aglutinante, que foi de N1347,734. O custo de produção de 5 L de tinta de emulsão utilizando goma arábica como aglutinante foi reduzido em 10,58% em comparação com o custo de produção da mesma quantidade de tinta de emulsão utilizando PVA sintético como aglutinante. Por conseguinte, a goma-arábica pode ser utilizada como suplemento ou substituto do PVA para a produção de tintas de emulsão para uso doméstico.

ÍNDICE DE CONTEÚDOS

Capítulo 1 5

Capítulo 2 8

Capítulo 3 28

Capítulo 4 33

Capítulo 5 41

CAPÍTULO UM

1.0 INTRODUÇÃO

1.1 Antecedentes do estudo

Um celeiro sem pintura que tenha sobrevivido a 100 anos ou mais de intempéries não será admirável; é fácil perguntar-se por que razão deve usar um acabamento na sua casa. No entanto, as fendas, as fissuras e os espaços de ar que dão à vista de um celeiro envelhecido o seu carácter não serão aceitáveis na maioria das casas. Assim, surge a necessidade de pintar as nossas casas.

Os termos "tinta" e "revestimento de superfície" são muitas vezes utilizados indistintamente. O revestimento de superfície é a descrição mais geral de qualquer material que possa ser aplicado como uma camada fina e contínua a uma superfície. Tradicionalmente, o termo "tinta" era utilizado para descrever materiais pigmentados, em oposição às películas transparentes, que são mais corretamente designadas por lacas ou vernizes (Lambourne, 1988). Tinta é uma palavra vaga que abrange uma grande variedade de materiais: esmaltes, lacas, vernizes, subcapas, revestimentos, primários, selantes, enchimentos, rolhas e muitos outros. Se o pigmento for omitido, o material é normalmente designado por verniz (Turner, 1990). O verniz pigmentado - a tinta - é por vezes designado por esmalte, laca, acabamento ou camada superior, o que significa que é a última camada a ser aplicada e a que se vê quando o objeto revestido é examinado.

As lacas são normalmente tintas ou vernizes de solução termoplástica, mas o termo é por vezes utilizado (de forma confusa) para descrever todos os acabamentos transparentes para madeira. Os esmaltes são normalmente tintas termoplásticas, duras, com uma semelhança superficial com os esmaltes vítreos. A tinta aplicada antes do acabamento é designada por subcapa (Turner, 1990).

As tintas acrílicas entraram no mercado dos artistas em 1947 com as tintas à base de soluções acrílicas e em meados da década de 1950 com as emulsões acrílicas (também designadas por dispersões) (Learner, 2000). As tintas acrílicas de emulsão para artistas foram recebidas com muita fanfarra e entusiasmo nas décadas de 1950 e 1960. Incorporavam as caraterísticas que muitos artistas procuravam nessa altura, proporcionando um meio de expressão distinto da pintura a óleo e da sua história e tradições associadas. Como Kenneth

5

Noland expressou, "a materialidade e o processo de trabalho real tornam-se mais presentes" (Mancusi *et al.*, 1993). Estas tintas sintéticas produzem películas de grande nitidez e de uma elasticidade fenomenal, fáceis de manipular, fáceis de pintar diretamente sobre as superfícies, secam rapidamente, podem ser diluídas com água e apresentam uma elevada resistência à degradação ultravioleta (Crook e Learner, 2000).

A tinta de emulsão para uso doméstico, que é uma tinta à base de água, é utilizada principalmente para revestimentos de superfícies interiores e exteriores, sobretudo em edifícios, para efeitos de aparência e proteção. O processo envolvido na produção da tinta, a qualidade e o desempenho da tinta de emulsão dependem em grande medida das propriedades dos seus constituintes e das proporções entre eles. Os componentes utilizados são pigmentos, solventes, extensores de pigmento, aglutinantes e aditivos.

Até há pouco tempo, a produção de tintas era considerada como arte e era utilizada principalmente para fins decorativos. Nessa altura, a produção estava repleta de erros, sem qualquer princípio padrão, com pouca ou nenhuma preocupação com a qualidade do produto final. Com a aplicação da ciência na produção de tintas, são agora possíveis produtos de alta qualidade. Desta vez, não é apenas utilizada para decoração, mas sobretudo para proteção de superfícies. Assim, a indústria moderna de tintas constitui uma pequena mas importante parte da indústria química, que se baseia em conhecimentos modernos de química, física e engenharia.

As tintas são utilizadas para colorir e proteger muitas superfícies, incluindo casas, automóveis, marcas rodoviárias e recipientes de armazenamento subterrâneos. Cada uma destas diferentes aplicações requer um tipo diferente de tinta.

1.2 Declaração do problema

O problema básico é o elevado custo do acetato de polivinilo (PVA) e a sua indisponibilidade em comparação com a goma-arábica. Os polímeros também não são biodegradáveis, o que contaminará o ambiente se não forem corretamente manuseados, uma vez que o PVA liberta fumos tóxicos quando queimado. Pode ser perigoso para o ambiente, especialmente se for misturado com água e entrar em contacto com peixes (http://www. ehow. com/list_7641940_properties-pva)

1.3 Finalidade e objectivos

O objetivo deste trabalho de investigação foi produzir uma tinta de emulsão para casa utilizando matérias-primas estabelecidas e goma arábica como aglutinante.

Os objectivos do estudo foram os seguintes

(i) Testar a eficácia da goma arábica como aglutinante em tintas de emulsão para casa

(ii) Determinar as caraterísticas físico-químicas da tinta produzida, tais como

- Ensaio de viscosidade

- Teste de pH

- Ensaio de resistência de ligação

- Teste de cobertura

(iii) Efetuar o custo de produção de cada mistura e compará-lo com o da tinta de emulsão doméstica padrão no mercado

1.4 Justificação

T produção de tintas de emulsão para uso doméstico utilizando goma arábica como aglutinante pode ser utilizada para fins industriais para aliviar os problemas de indisponibilidade e custo elevado do PVA. Isto acrescentará valor à agricultura na Nigéria, uma vez que a goma-arábica é abundante na Nigéria e é obtida a partir de árvores.

1.5 Âmbito de aplicação e limitações

O âmbito desta investigação limita-se à produção de tintas domésticas de emulsão utilizando um único grau de goma-arábica (grau 1, ou seja, acácia do Senegal) como aglutinante e à realização de testes dos parâmetros de qualidade e do custo da tinta produzida. O trabalho de investigação também se limita à análise dos seguintes parâmetros físico-químicos: consistência, viscosidade, cobertura, pH e poder de ligação.

CAPÍTULO DOIS

2.0 LEVANTAMENTO DA LITERATURA

2.1 Antecedentes históricos da pintura

A indústria do revestimento de superfícies é, de facto, muito antiga; de facto, foi dito a Noé que usasse piche dentro e fora das trevas (George, 1984). A origem das tintas remonta aos tempos pré-históricos, quando os primeiros habitantes da Terra registavam as suas actividades em cores nas paredes das suas grutas. Estas tintas rudimentares eram provavelmente constituídas por terras ou argilas coloridas suspensas em água. Os egípcios, começando muito cedo, desenvolveram a arte da pintura e por volta de 1500 a.C. tinham um grande número e variedade de cores. Por volta de 1000 a.C., descobriram o precursor dos vernizes actuais, geralmente resinas naturais ou cera de abelha eram os ingredientes formadores de película (George, 1984).

Em 2011, arqueólogos sul-africanos relataram ter encontrado uma mistura à base de ocre feita pelo homem há 100.000 anos, que poderia ter sido usada como tinta (Stephanie, 2011). As pinturas rupestres desenhadas com ocre vermelho ou amarelo, hematite, óxido de manganésio e carvão podem ter sido feitas pelos primeiros Homo sapiens há cerca de 40000 anos.

As antigas paredes coloridas em Dendera, no Egito, que estiveram expostas durante anos aos elementos, ainda possuem as suas cores brilhantes, tão vivas como quando foram pintadas há cerca de 2000 anos. Os egípcios misturavam as suas cores com uma substância gomosa e aplicavam-nas separadamente umas das outras, sem qualquer mistura ou mistura. Parece que usavam seis cores: branco, preto, azul, vermelho, amarelo e verde. Primeiro cobriram a área inteiramente com branco e depois traçaram o desenho a preto, deixando de fora as luzes da cor de base. Utilizaram o minium para o vermelho (Stephanie, 2011).

2.2 Tintas ou revestimentos

Tinta é um termo utilizado para descrever uma série de substâncias que consistem em pigmentos suspensos num veículo líquido ou pastoso, como o óleo ou a água. A tinta é aplicada com um pincel, um rolo ou uma pistola de pulverização numa camada fina em várias superfícies, como edifícios, madeira, metal ou pedra. Embora o seu principal objetivo seja proteger a superfície em que é aplicada, a tinta também serve para decoração.

A enciclopédia livre Wikipédia define a tinta como qualquer composição líquida, liquefactível ou mastique que, após aplicação a um substrato numa camada fina, se converte numa película sólida. É normalmente utilizada para proteger, colorir ou dar textura a objectos.

As tintas e os produtos de revestimento associados constituem uma classe geral de materiais cujas funções principais são a proteção e a decoração de superfícies. Os revestimentos são também utilizados para retardar o fogo, codificação de cores, isolamento elétrico e controlo de temperatura (Connolly, 1981). No sentido mais restrito, "tinta" refere-se apenas a produtos pigmentados, tais como revestimento de interiores (paredes), exteriores (casas), alvenaria e tráfego; os termos para outros revestimentos incluem esmalte, subcapa, primário, selante, verniz, laca, corante e acabamentos industriais.

Historicamente, no entanto, o termo "tinta" tem sido a descrição comum para materiais de revestimento que consistem num material de cobertura (pigmento), um material formador de película (normalmente um óleo ou resina) e modificadores de viscosidade (diluentes e solventes).

Os termos "revestimento orgânico de superfícies", "tinta e revestimento" ou "revestimento químico" são cada vez mais utilizados para descrever uma variedade de produtos que são utilizados para a proteção ou decoração de superfícies. Relacionados com os vários tipos de revestimentos de superfície estão os produtos aliados, tais como massas e removedores de tintas e vernizes. Os principais tipos e utilizações finais dos produtos de pintura e revestimento são apresentados no Quadro 2.1.

Tabela 2.1: Utilizações finais típicas para as principais categorias de tintas e revestimentos

Category	End Uses
Architectural coatings	Exterior house and trim paints (including flat house paints and enamels)
	Exterior masonry paints
	Undercoaters, primers, and sealers
	Interior wall, ceiling, and trim paints (including flat wall paints, and gloss and semi-gloss enamels)
	Varnishes, stains
Product coatings for original equipment manufacturers	Automobile, truck and bus finishes
	Wood furniture and fixture finishes
	Metal furniture and fixture finishes
	Finishes for railroad equipment
	Aircraft and missile coatings
	Appliance finishes
	Marine finishes
	Electrical and electronic insulation coatings
	Machinery and equipment finishes
	Prefinished metal (coil coatings)
	Prefinished wood and composition boards
	Container and closure coatings
	Paper and paperboard coatings
	Plastic and film coatings
	Pipe coatings
Special purpose coatings	Specially formulated high-performance maintenance finishes
	Automobile, truck, and bus refinish coatings
	Marine refinish coatings
	Other refinish coatings
	Traffic paints
	Metallic finishes
	Aerosol paints

Fonte: The Chemical Week, Volume 29 in Dean (1981).

O fabrico da maioria dos revestimentos envolve basicamente a incorporação de partículas de pigmento numa matriz formadora de película, a diluição e o ajuste do produto resultante e a sua dispersão em recipientes de vários tamanhos para venda. O fabrico de vernizes, que não contêm pigmentos, é um tipo diferente de processo descontínuo que envolve a mistura de ingredientes e a sua "cozedura" num recipiente de reação ou numa caldeira.

Milhares de matérias-primas diferentes (Martens, 1974) são utilizadas no fabrico de aproximadamente 20.000 produtos de revestimento diferentes (Marsich, 1976; Marsich, 1977). A necessidade de tantas matérias-primas e produtos resulta da grande diversidade de superfícies que requerem tratamento. Existem numerosos pequenos fabricantes porque o fabrico de tintas é ainda, em grande parte, um processo descontínuo que não se presta facilmente à automatização ou ao processamento em fluxo contínuo (Martens, 1974).

Ao considerar a natureza das tintas, tornar-se-á bastante claro que a relação entre o revestimento e o substrato é extremamente importante (Lambourne, 1988). Os requisitos para uma tinta a ser aplicada à madeira são diferentes dos de uma tinta a ser aplicada a uma superfície metálica. Além disso, o método pelo qual a tinta é aplicada e curada (ou seca) é provavelmente diferente. Ao formular uma tinta para um determinado fim, será essencial para o formulador conhecer a utilização que será dada ao artigo pintado e os requisitos físicos ou mecânicos que provavelmente serão exigidos. Terá também de saber se a tinta vai ser aplicada e curada.

Muitos, se não todos, os requisitos de um sistema de pintura típico são: opacidade (apagamento), cor, brilho, suavidade (textura), aderência ao substrato, propriedades mecânicas ou físicas específicas, resistência química, proteção contra a corrosão e o termo abrangente "durabilidade" (Lambourne, 1988).

Diferentes métodos de aplicação requerem tintas de consistência diferente, mas em todos os casos o princípio é o mesmo: quanto maior for o teor de polímero disso vel na tinta, mais viscosa ela será (Turner, 1990). A percentagem em peso de material não volátil presente na tinta é conhecida como o teor de sólidos ou "sólidos" da tinta. Quer ajustando os "sólidos" da tinta, quer alterando o equilíbrio dos tipos de líquido utilizados, o formulador consegue que a consistência ou viscosidade da tinta atinja o nível pretendido.

As tintas arquitectónicas ("decorativas" ou "domésticas") devem ser aplicadas in situ à temperatura ambiente (que pode situar-se entre 7° C - 30° C, dependendo do clima e da localização geográfica) (Lambourne, 1988). Secam ou curam por um de dois mecanismos: oxidação atmosférica ou evaporação de diluentes (água) acompanhada pela coalescência das partículas de látex que constituem o ligante.

2.3   Componentes da tinta

A tinta é essencialmente composta por um aglutinante, um pigmento e um solvente. Nem todas as tintas contêm todos os ingredientes. Por exemplo, as tintas brilhantes não contêm extensores, que são materiais inorgânicos de partículas grossas. Os principais componentes das tintas são descritos em seguida.

2.4   Pastas, veículos ou formadores de película

Os formadores de película são os aglutinantes não voláteis ou as partes do veículo dos revestimentos. É o único componente que tem de estar presente numa tinta. Outros componentes listados abaixo são incluídos opcionalmente, dependendo das propriedades desejadas da película curada.

O ligante confere aderência e influencia fortemente propriedades como o brilho, a durabilidade, a flexibilidade e a resistência. Os aglutinantes incluem resinas sintéticas ou naturais, tais como alquídicas, acrílicas, vinilacrílicas, acetato de vinilo/etileno (VAE), etc. Os aglutinantes podem ser classificados de acordo com o mecanismo de secagem ou cura. Embora a secagem possa referir-se à evaporação do solvente ou diluente, refere-se normalmente à reticulação oxidativa dos ligantes e é indistinguível da cura. Algumas tintas formam-se apenas por evaporação do solvente, mas a maioria depende de processos de reticulação (Berendsen, 1989).

Neste trabalho de investigação, o acetato de polivinilo (PVA) e a goma arábica serão utilizados como aglutinantes.

2.4.1 Acetato de polivinilo (PVA)

O acetato de polivinilo, PVA, poli (etanoato de etenilo), poli (1-acetiloxietileno) é um polímero sintético borrachoso com a fórmula $(C_4H_6O_2)_n$ tem uma massa molar de 86,09 g/mol/unidade. Pertence à família dos ésteres polivinílicos com a fórmula geral $[RCOOCHCH_2]$. É um tipo de termoplástico (Murray, 1997). O grau de polimerização do acetato de polivinilo é normalmente de 100 a 5000. Os grupos éster do acetato de polivinilo são sensíveis à hidrólise básica e convertem lentamente o PVAc em álcool polivinílico e ácido acético.

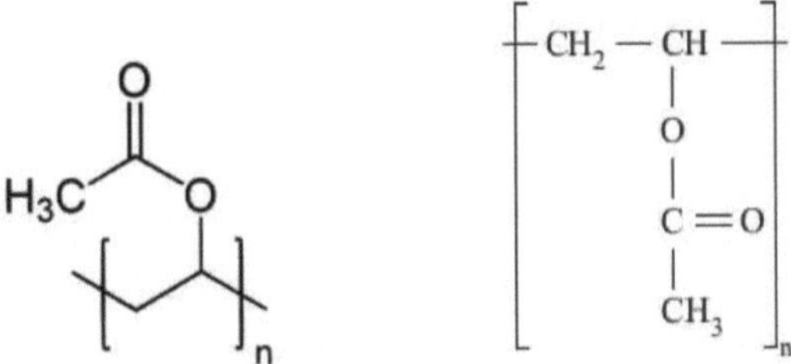
Figura 2.1: Acetato de polivinilo (Fonte: Robert, 2000).

É utilizado como uma emulsão em água e como aglutinante em tintas e revestimentos. As emulsões de PVA são utilizadas como adesivos para materiais porosos, particularmente para madeira, papel e tecido, e como consolidante para pedra de construção porosa, em particular arenito (Young *et al.,* 1999). Outras utilizações incluem:

• Como cola para madeira, a PVA é conhecida como "cola branca" e a amarela como "cola de carpinteiro" ou cola PVA.

• Como adesivo de papel durante a conversão de embalagens de papel

• Na encadernação e na arte do livro, devido à sua forte ligação flexível e à sua natureza não ácida (ao contrário de muitos outros polímeros). A utilização de PVAC no Archimedes Palimpsest durante o século XX dificultou grandemente a tarefa de descolagem do livro e de preservação e tratamento de imagens das páginas no início do século XXI, em parte porque a cola era mais forte do que o pergaminho que mantinha unido.

• Para trabalhos artesanais

• Como adesivos para envelopes

• Como adesivo para papel de parede

2.4.2 Goma-arábica

A goma-arábica, também conhecida como goma de acácia, chaar gund, char goond ou meska, é uma goma natural feita de seiva endurecida retirada de duas espécies de acácia: Acacia Senegal e Acacia seyal. A goma é colhida comercialmente de árvores selvagens em todo o Sahel, desde o Senegal e o Sudão até à Somália, embora tenha sido historicamente cultivada na Arábia e na Ásia Ocidental.

A goma-arábica é uma mistura complexa de glicoproteínas e polissacáridos. Historicamente, foi a fonte dos açúcares arabinose e ribose, ambos descobertos e isolados a partir da goma-arábica, que lhe deram o nome.

A goma arábica é utilizada como aglutinante para a pintura a aguarela porque se dissolve facilmente na água. O pigmento de qualquer cor é suspenso na goma arábica em quantidades variáveis, resultando numa tinta de aguarela. A água actua como um veículo ou um diluente para diluir a tinta de aguarela e ajuda a transferir a tinta para uma superfície como o papel. Quando toda a humidade se evapora, a goma de acácia liga o pigmento à superfície do papel. Após a evaporação da água, a goma arábica na película de tinta aumenta a luminosidade e ajuda a evitar que as cores aclarem. A goma arábica permite um controlo mais preciso das lavagens, porque impede que estas fluam ou sangrem para além da pincelada. Além disso, a goma arábica retarda a evaporação da água, permitindo um tempo de trabalho ligeiramente mais longo. Goma-arábica em pó para artistas: uma parte de goma-arábica é dissolvida em quatro partes de água destilada para obter um líquido adequado para adicionar aos pigmentos. É também utilizada na fotografia, na impressão e na indústria alimentar.

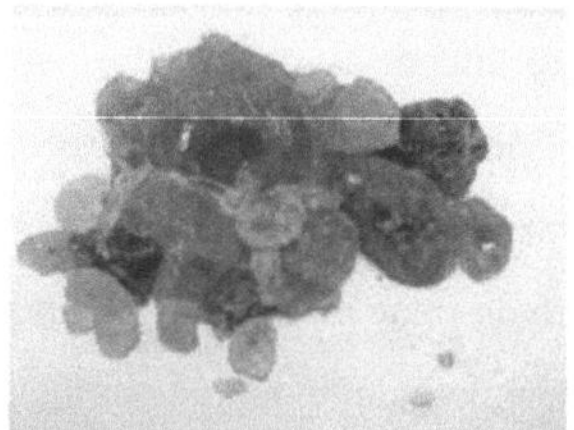

Figura 2.2: Goma-arábica (Fonte: Imagem obtida a partir do Google Images)

2.5 Pigmentos

Os pigmentos são incorporados em tintas ou revestimentos para conferir cor, opacidade e propriedades como a durabilidade, a inibição da corrosão e o controlo do míldio, ou para servir de carga ou extensor (Conolly, 1981). São sólidos finamente pulverizados que são essencialmente insolúveis no meio em que estão dispersos. Quase todos os pigmentos utilizados nas tintas são inorgânicos (Dean, 1981), sendo o dióxido de titânio responsável por cerca de um terço do total de pigmentos utilizados (Dean, 1981). Os pigmentos são geralmente classificados como pigmentos brancos (opacos), pigmentos coloridos e pretos, extensores (não opacos) e diversos (principalmente pós metálicos). São exemplos o negro de fumo, o dióxido de titânio, o óxido de zinco, o seleneto de cádmio, o vermelho de toluidina, etc. O quadro seguinte apresenta alguns pigmentos primários.

Tabela 2.2: Alguns pigmentos primários típicos

Colour	Inorganic	Organic
Black	Carbon black, copper carbonate, manganese oxide	Aniline black
Yellow	Lead, zinc and barium chromates, cadmium sulphide, iron oxides	Nickel azo yellow
Blue/violet	Ultramarine, Prussian blue, cobalt blue	Phthalocyanin blue, indanthrone blue, carbazol violet
Green	Chromium oxide	Phthalocyanin green
Red	Red iron oxide, cadmium selenide, red lead, chrome red	Toluidine red, quinacridones
White	Titanium dioxide, zinc oxide, antimony oxide, lead carbonate	

Fonte: Lambourne (1988).

Os extensores são pigmentos brancos com um baixo índice de refração e pouca capacidade de cobertura ou coloração em revestimentos à base de solvente, mas têm uma forte influência no custo e no desempenho da maioria dos revestimentos pigmentados em que são utilizados. Os pigmentos extensores são utilizados para controlar o brilho, a textura, a suspensão, a viscosidade e outras caraterísticas físicas dos revestimentos (Madson, 1974). No entanto, nos revestimentos de base aquosa, os pigmentos de diluição contribuem para a opacidade e a capacidade de cobertura. No quadro seguinte são apresentados exemplos de extensores típicos

Tabela 2.3: Alguns extensores típicos

Chemical nature	Type
Barium sulphate	Barites, black fixe
Calcium carbonate	Chalk, calcite, precipitated chalk
Calcium sulphate	Gypsum, anhydrite, precipitated calcium sulphate
Silicate	Silica, diatomaceous silica, clay, talc, mica

Fonte: Lambourne, (1988).

Neste trabalho de investigação, o dióxido de titânio e o carbonato de cálcio serão utilizados como pigmento e extensor, respetivamente.

2.5.1 Dióxido de titânio (TiO_2)

O dióxido de titânio, também conhecido como óxido de titânio (IV) ou titânia, é o óxido de titânio natural, de fórmula química TiO_2. Quando utilizado como pigmento, é designado por branco de titânio, Pigmento Branco 6, ou CI 77891. Geralmente, é obtido a partir de ilmenite, rutilo e anatase. Tem uma vasta gama de aplicações, desde tintas a protectores solares e corantes alimentares. É principalmente obtido a partir do minério de ilmenite. Esta é a forma mais difundida de minério contendo dióxido de titânio em todo o mundo. O rutilo é o segundo mais abundante e contém cerca de 98% de dióxido de titânio no minério. As fases metaestáveis anatase e brookite convertem-se em rutilo após aquecimento (Greenwood e Earnshaw, 1984).

O dióxido de titânio é o pigmento branco mais utilizado devido ao seu brilho e ao seu índice de refração muito elevado, no qual só é ultrapassado por alguns outros materiais. Aproximadamente 4,6 milhões de toneladas de pigmento TiO_2 são consumidas anualmente em todo o mundo, e espera-se que este número aumente à medida que o consumo continua a crescer (Winkler, 2003). Quando depositado como película fina, o seu índice de refração e cor fazem dele um excelente revestimento ótico refletor para espelhos dieléctricos e algumas pedras preciosas como o "topázio de fogo místico". O TiO_2 é também um opacificante eficaz na forma de pó, sendo utilizado como pigmento para conferir brancura e opacidade a produtos como tintas, revestimentos, plásticos, papéis, tintas de impressão, alimentos, medicamentos (pílulas e comprimidos) e a maioria das pastas de dentes. Nas tintas, é muitas vezes referido de improviso como "o branco perfeito", "o branco mais branco", ou outros termos semelhantes. A opacidade é melhorada através do dimensionamento ótimo das partículas de dióxido de titânio.

Nos esmaltes cerâmicos, o dióxido de titânio actua como opacificador e semeia a formação de cristais. Foi demonstrado estatisticamente que o dióxido de titânio aumenta a brancura do leite desnatado, aumentando a pontuação de aceitação sensorial do leite desnatado. (Philips e Barbano, 1980). É utilizado para marcar as linhas brancas de alguns campos de ténis. (Les, 2008). O exterior do foguetão Saturno V foi pintado com dióxido de titânio, o que mais tarde permitiu aos astrónomos determinar que J002E3 era a fase S-IVB da Apollo 12 e não um asteroide.

2.5.2 Carbonato de cálcio ($CaCO_3$)

O carbonato de cálcio é um composto químico com a fórmula $CaCO_3$. É uma substância comum encontrada em rochas de todas as partes do mundo e é o principal componente de conchas de organismos marinhos, caracóis, bolas de carvão, pérolas e cascas de ovos. O carbonato de cálcio é o ingrediente ativo da cal agrícola e é normalmente a principal causa da água dura. É comummente utilizado em medicina como suplemento de cálcio ou como antiácido, mas o seu consumo excessivo pode ser perigoso.

O carbonato de cálcio é um pó fino, branco e inodoro, com uma massa molar de 100,0869 g/mol, densidade de 2,711 g/cm^3 (calcite), 2,83 g/cm^3 (aragonite), ponto de fusão de 1339° C (calcite) (U.S Department of Health and Human Services, 2011), solubilidade em água de 0,0013 g/100mL a 25° C (Gordon, 1998), acidez de 9,0, índice de refração de 1,59. É solúvel em ácidos diluídos. Tem uma entalpia de formação padrão de -1207 kJmol^{-1} e uma entropia molar padrão de 93 J.mol^{-1} .K^{-1} (Zundahl, 2009).

O carbonato de cálcio é amplamente utilizado como um extensor em tintas (Reade Advanced Materials, 2006), em particular em tintas de emulsão mate, em que normalmente 30% do peso da tinta é giz ou mármore. É também um material de enchimento popular em plásticos. (Reade Advanced Materials, 2006). O carbonato de cálcio precipitado, obtido através da libertação de óxido de cálcio na água, é utilizado, por si só ou com aditivos, como tinta branca, conhecida como caiação.

2.6 Solventes

Os solventes são utilizados nas composições de tintas com dois objectivos principais.

Permitem a produção da tinta e a sua aplicação nas superfícies. O termo solvente é frequentemente utilizado para incluir líquidos que não dissolvem o aglutinante polimérico e, nestes casos, é mais corretamente designado por diluente. A função dos diluentes é a mesma que a de um solvente, como referido anteriormente. Os solventes também influenciam a taxa de presa, o tempo de secagem, as propriedades de fluxo e a inflamabilidade dos revestimentos (Connolly, 1981). Podem ser classificados como hidrocarbonetos, oxigenados e outros solventes.

Nos sistemas de base aquosa, a água pode atuar como um verdadeiro solvente para alguns componentes, mas ser um não-solvente para o formador de película principal. Este é o caso das tintas de emulsão decorativas. Mais frequentemente, nestes casos, é comum referir-se à "fase aquosa" da composição, reconhecendo que a água presente, embora não seja um solvente para o formador de película, está presente como o principal componente da fase de dispersão líquida.

A solvência, por si só, não é o único critério que determina a escolha do solvente. Outros factores importantes incluem a taxa de evaporação, o odor, a toxicidade, a inflamabilidade e o custo. Estes factores assumem diferentes graus de importância, dependendo da forma como a tinta é utilizada.

Neste trabalho de investigação, os solventes que serão utilizados são a água e o texanol. A água será o principal diluente da tinta.

2.6.1 Água

A água é um composto químico com a fórmula química H_2O. Uma molécula de água contém um átomo de oxigénio e dois átomos de hidrogénio ligados por ligações covalentes. A água é um líquido à temperatura e pressão ambiente normais, mas coexiste frequentemente na Terra no estado sólido, gelo, e no estado gasoso (vapor de água ou vapor). A água também existe num estado de cristal líquido perto de superfícies hidrofílicas (Henniker, 1949)

A água é um bom solvente polar e é frequentemente referida como o solvente universal. As substâncias que se dissolvem na água, por exemplo, sais, açúcares, ácidos, álcalis e alguns gases - especialmente o oxigénio e o dióxido de carbono (carbonatação) - são conhecidas como substâncias hidrofílicas (que gostam de água), enquanto as que são imiscíveis com a água (por exemplo, gorduras e óleos) são conhecidas como substâncias hidrofóbicas (que não gostam de água).

2.6.2 Texanol

O álcool éster Texanol é o principal coalescente para tintas de látex. Tem um bom desempenho em todos os tipos de tintas de látex, numa variedade de condições climatéricas e sobre substratos com diferentes níveis de porosidade. O álcool éster de texanol proporciona o mais elevado nível de integridade da película a baixos níveis de coalescente, melhorando as propriedades de desempenho da tinta, incluindo coalescência a baixa temperatura, retoque, resistência à esfrega, lavabilidade, desenvolvimento da cor, flexibilidade térmica e resistência à fissuração por lama. O álcool éster de texanol também aumenta a eficiência do espessamento quando utilizado com espessantes associativos.

O álcool éster de texanol também funciona bem numa variedade de outras aplicações. É uma escolha ideal como solvente retardador para utilização em revestimentos de bobinas e esmaltes de alto ponto de cozedura. O seu equilíbrio único de propriedades também o torna útil para uma variedade de aplicações de especialidades químicas, tais como flotação/desgelo de minério, lamas de perfuração de petróleo, transportadores de conservantes de madeira e polimentos de pavimentos.

2.7 Aditivos

Muitas substâncias que contribuem para a facilidade de fabrico, a estabilidade da tinta na embalagem, a facilidade de aplicação ou a qualidade ou aspeto da película aplicada são utilizadas em quantidades relativamente pequenas nas formulações de tintas. Estas substâncias são designadas pelo termo genérico "aditivos". Cada aditivo raramente excede 1% da formulação total, e a quantidade total de todos os aditivos raramente excede 5% do produto de pintura (Stewart, 1973). As principais classes de aditivos são os plastificantes, os agentes tensioactivos, os modificadores de fluxo, os secantes, os agentes anti-descasque, os biocidas e outros. Os aditivos que serão utilizados neste trabalho de investigação são os seguintes

2.7.1 Tripolifosfato de sódio

O tripolifosfato de sódio (STPP) é um produto químico que tem muitas utilizações na indústria, desde um ingrediente em produtos de limpeza a um conservante alimentar. Também conhecida por nomes alternativos, como sal pentassódico ou ácido trifosfórico, a substância é classificada como Generally Regarded As Safe (GRAS), o que significa que o uso anterior da substância química não apresentou riscos para a saúde. Também pode ser encontrada em algumas tintas e produtos cerâmicos, entre outros usos.

Estruturalmente, o STPP é constituído por cinco átomos de sódio, três átomos de fósforo e dez átomos de oxigénio ligados entre si. É normalmente produzido pela mistura de fosfato monossódico e fosfato dissódico para produzir um pó branco cristalino que não tem cheiro e se dissolve facilmente em água. Estas caraterísticas úteis tornam-no adequado para uma variedade de utilizações.

As caraterísticas químicas do STPP são utilizadas em tintas para manter os pigmentos uniformemente dispersos e em cerâmica para distribuir uniformemente a argila. As fábricas de papel utilizam-no como agente resistente ao óleo no revestimento do papel e pode também ser utilizado como agente de curtimento do couro. Devido à sua ação de limpeza, pode também ser um ingrediente em pastas de dentes. É classificado como um aditivo agente de superfície ativa em tintas e revestimentos.

2.7.2 Antiespumante ou desespumante

Durante a produção e aplicação de sistemas de pintura, a espuma é um efeito secundário indesejável que provoca um aumento do tempo de produção, dificuldade em encher os recipientes com a quantidade correta de tinta e defeitos de superfície, tais como crateras e pontos fracos na película seca.

Em líquidos puros, a espuma não é estável. A espuma só é estável em sistemas que contenham substâncias do tipo tensioativo, tais como agentes molhantes, ou certos aditivos de controlo de superfície necessários para melhorar propriedades importantes da tinta. Todos estes tensioactivos têm em comum o facto de poderem migrar para a interface ar/líquido da tinta, reduzindo assim a tensão superficial.

A espuma tem origem durante as várias fases de fabrico e de utilização, como a bombagem, a agitação, a dispersão e a aplicação da tinta líquida, por aprisionamento das bolhas de ar produzidas. A interface ar-líquido destas bolhas é envolvida pelos tensioactivos presentes na tinta. À superfície, as bolhas acumulam-se e deformam a superfície da tinta e a si próprias. O ar não pode escapar porque se forma uma lamela que é estabilizada pela presença de tensioactivos. Sem os tensioactivos, a drenagem do líquido provocaria o adelgaçamento da lamela até à sua rutura. No entanto, a presença de tensioactivos evita o adelgaçamento da lamela

(i)   Contrafluxo de um líquido devido a uma diferença de tensão superficial, em resultado do estiramento da interface

(ii)   Repulsão pelos tensioactivos nas interfaces, através de mecanismos estéricos e electrostáticos

As estruturas químicas possíveis para os antiespumantes são moléculas com uma baixa tensão superficial, como óleos minerais e de silicone, ácidos gordos e fluorocarbonetos. Para aumentar a eficiência antiespumante, podem ser incluídas partículas sólidas com uma baixa tensão superficial, como sílica hidrofóbica e sabões metálicos. Estes materiais podem ser incorporados em agentes de transporte, tais como água e solventes orgânicos, de modo a facilitar a adição e a distribuição mais rápida da substância ativa na tinta líquida. Os antiespumantes 100% activos são adequados para sistemas que serão colocados sob tensão de cisalhamento, como a moagem, o que garante a distribuição e a atividade do antiespumante. Para sistemas à base de água, pode ser utilizada uma gama mais ampla de estruturas químicas devido à tensão superficial geralmente mais elevada destes sistemas, pelo que os tipos de óleo mineral e silicones são altamente eficazes.

2.7.3 Genepor

O genepor é um plastificante, e um plastificante é uma substância adicionada a um material de revestimento para manter a película acabada flexível e evitar efeitos indesejáveis, tais como fissuras ou verificações, sem sacrifício apreciável de efeitos desejáveis, tais como a força da película, a continuidade e a resistência ao ataque por produtos químicos (Preuss, 1970). A principal função do genepor é dar à tinta um aspeto gelatinoso.

2.8 Conservantes

Os fungicidas e conservantes são utilizados para controlar o crescimento de fungos e outros microrganismos. Os microrganismos causam a deterioração e o fracasso prematuro da tinta e de outros revestimentos. As bactérias e os fungos podem utilizar os revestimentos, especialmente os revestimentos à base de água, como fontes de alimento (Stewart, 1973). As bactérias e os fungos podem utilizar os revestimentos, em especial os revestimentos à base de água, como fontes de alimentação (Stewart, 1973), incluindo o naftenato de cobre, o óxido de tributilestanho, o naftenato de zinco, a N-(triclorometiltio) ftalimida, a formalina e o óxido cuproso (Rich, 1982).

2.8.1 Formaldeído

O formaldeído é um composto orgânico com a fórmula CH_2O ou HCHO. É o aldeído mais simples, daí o seu nome sistemático metanal. O nome comum da substância deriva da sua semelhança e relação com o ácido fórmico.

O formaldeído é um gás à temperatura ambiente, incolor, com um odor caraterístico pungente e irritante. É um importante precursor de muitos outros materiais e compostos químicos. Em 2005, a produção mundial anual de formaldeído foi estimada em 8,7 milhões de toneladas (Gunther *et al.*, 2002). As soluções comerciais de formaldeído em água, vulgarmente designadas por formalina, eram anteriormente utilizadas como desinfectantes e para a preservação de espécimes biológicos.

Tendo em conta a sua utilização generalizada, toxicidade e volatilidade, a exposição ao formaldeído é um fator importante para a saúde humana (Agência Internacional de Investigação do Cancro, 2006). Em 2011, o Programa Nacional de Toxicologia dos EUA descreveu o formaldeído como "conhecido por ser um carcinogéneo humano" (Harris, 2011).

O formaldeído é um precursor comum de compostos e materiais mais complexos. Por ordem aproximada de consumo decrescente, os produtos gerados a partir do formaldeído incluem a resina de ureia-formaldeído, a resina de melamina, a resina de fenol-formaldeído, os plásticos de polioximetileno, o 1,4-butanodiol e o metileno difenil diisocianato (Gunther *et al.*, 2002). A indústria têxtil utiliza resinas à base de formaldeído como acabamentos para tornar os tecidos resistentes aos vincos (Australian National Industrial Chemicals Notification and Assessment Scheme, 2007). Os materiais à base de formaldeído são fundamentais para o fabrico de automóveis, sendo utilizados para fabricar componentes para a transmissão, o sistema elétrico, o bloco do motor, os painéis das portas, os eixos e os calços dos travões.

O formaldeído é também um precursor de álcoois polifuncionais, como o pentaeritritol, que é utilizado no fabrico de tintas e explosivos. Outros derivados do formaldeído incluem o metileno difenil diisocianato, um componente importante das tintas e espumas de poliuretano, e a hexamina, que é utilizada nas resinas de fenol-formaldeído e no explosivo RDX.

2.9 Amoníaco

O amoníaco ou azano é um composto de azoto e hidrogénio com a fórmula NH_3 . É um gás incolor com um odor pungente caraterístico. O amoníaco, direta ou indiretamente, é um elemento de base para a síntese de muitos produtos farmacêuticos e é utilizado em muitos produtos de limpeza comerciais. Embora seja muito utilizado, o amoníaco é cáustico e perigoso. Prevê-se que a produção mundial de amoníaco para 2012 seja de 198 milhões de toneladas (Ceresana, 2012), o que representa um aumento de 35% em relação à produção mundial estimada para 2006 de 146,5 milhões de toneladas (Max, 2006).

O "amoníaco doméstico" ou "hidróxido de amónio" é uma solução de NH_3 em água. A concentração destas soluções é medida em unidades da escala Baume (densidade), sendo 26 graus baume (cerca de 30% (em peso) de amoníaco a 15,5 °C) o produto comercial típico de elevada concentração (LaRoche, 1998).

Tem uma massa molar de 17,031 g/mol. Tem uma densidade de 0,86 kg/m^3 (1,013 bar no ponto de ebulição), 681,9 kg/m^3 a -33° C (líquido) (Yost, 2007). Tem 31% de solubilidade em água a 25° C. Tem uma basicidade de 4,75. Tem uma entalpia de formação padrão de - 46kJ.mol^{-1} e entropia molar padrão de 193 J.mol^{-1} .K (Perry, 1995). É utilizado como estabilizador em tintas e revestimentos.

2.10 Espessante

Agentes espessantes, ou espessantes, é o termo aplicado a substâncias que aumentam a viscosidade de uma solução ou mistura líquido/sólido sem modificar substancialmente as suas outras propriedades; embora seja mais frequentemente aplicado a alimentos em que a propriedade visada é o sabor, o termo também é aplicável a tintas, tintas de impressão, explosivos, etc. Os espessantes podem também melhorar a suspensão de outros ingredientes ou emulsões, o que aumenta a estabilidade do produto.

De acordo com a enciclopédia livre Wikipedia, existem vários espessantes comerciais no mercado que podem ser comprados para espessar líquidos, incluindo THIXO-D ORIGINAL, THIXO-D CAL-FREE (sem calorias), Simply Thick, Thick- It, Thick & Easy, Thicken Right e Thicken Up. Uma das principais utilizações dos espessantes é nas indústrias das tintas e da impressão. Por exemplo, o espessante acrílico é o principal produto utilizado na impressão de têxteis com tintas de base aquosa e de base aquosa. Além disso, o co-polímero de polivinil e o homopolímero são espessantes que podem ser utilizados nas indústrias de tintas (Stewart, 1973). Exemplos típicos de espessantes incluem matrosol, natrrosol, oxinitrocelulose (carboximetilcelulose de sódio), hidroxietilcelulose (Cellosize), etc.

2.10.1 Natrosol

Natrosol, Hidroxietilcelulose (HEC) é um polímero não iónico solúvel em água derivado da celulose. Tal como a goma de celulose Aqualon (carboximetilcelulose de sódio), é um éter de celulose, mas difere na medida em que é não-iónico e as suas soluções não são afectadas por catiões. O Natrosol dissolve-se facilmente em água fria ou quente. As suas soluções têm propriedades de fluxo ligeiramente diferentes das obtidas com outros polímeros solúveis em água.

O Natrosol é utilizado como espessante, coloide protetor, aglutinante, estabilizador e agente de suspensão numa variedade de aplicações industriais, incluindo produtos farmacêuticos, têxteis, papel, colas, revestimentos decorativos e protectores, polimerização em emulsão, cerâmica e muitas outras utilizações (Aqualon, 1999).

A estrutura da molécula de celulose, mostrando a sua cadeia composta por uma unidade de anidroglucose, contém três hidroxilos capazes de reagir. Ao tratar a celulose com hidróxido de sódio e ao reagir com óxido de etileno, são introduzidos grupos hidroxietilo para produzir éter hidroetílico. O produto da reação é purificado e triturado até à obtenção de um pó branco fino.

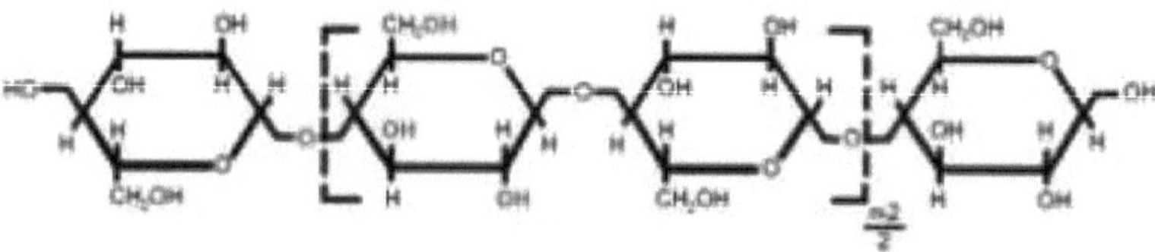

Figura 2.2: Estrutura da celulose (Fonte: Aqualon, 1999).

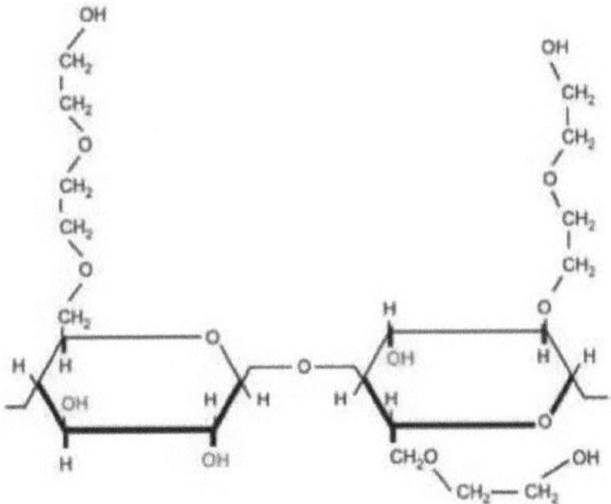

Figura 2.3: Estrutura idealizada do Natrosol (Fonte: Aqualon, 1999).

O Natrosol é um pó branco a castanho claro, de fluxo livre. Dissolve-se facilmente em água para dar soluções claras, suaves e viscosas que não são iónicas. O Natrosol pode absorver a humidade da atmosfera, tal como outros materiais hidroscópicos ou finamente divididos. A quantidade de humidade absorvida depende do teor de humidade inicial do Natrosol e da humidade relativa do ar circundante. Os sacos abertos não totalmente utilizados podem sofrer absorção de humidade. Tem uma densidade aparente de 0,6 g/ml (Aqualon, 1999).

2.11 A Emulsão

A emulsão pode ser feita em água ou em algum não-solvente. As emulsões baseadas em não-solventes são chamadas organossóis ou dispersões não-aquosas (NADs) (Turner, 1988). As emulsões podem ser feitas por meios mecânicos ou por polimerização em emulsão.

2.12 Tintas de emulsão para uso doméstico

Na Europa, as tintas mais populares deste tipo baseiam-se em copolímeros de acetato de vinilo ou em redes acrílicas (Turner, 1988). Os primeiros são preparados pela polimerização em emulsão do acetato de vinilo, $CH_3\,CO.O.CH=CH_2$, e são estabilizados por uma combinação de tensioactivos e colóides protectores. Embora o acetato de polivinilo (PVA) seja um polímero relativamente macio, tal como o acilato de polimetilo, a sua temperatura de vidro é superior à temperatura ambiente. As tintas para uso doméstico devem coalescer para formar uma película à temperatura ambiente, pelo que a temperatura vítrea do PVA deve ser reduzida, quer por adição de um plastificante de verniz, como o ftalato de dibutilo, quer, mais geralmente, por copolimerização com outros monómeros.

Qualquer que seja o tipo de látex, são também adicionados solventes coalescentes para melhorar a formação da película. Estes solventes podem ou não ser miscíveis com a água e incluem álcoois glicóis, éteres-álcoois, ésteres éteres-álcoois e até hidrocarbonetos, todos de elevado ponto de ebulição.

Os pigmentos são dispersos na fase contínua com tensioactivos adequados, aditivos e um espessante solúvel em água, por exemplo, hidroxietilcelulose. A dispersão e o látex são cuidadosamente misturados com agitação eficiente, para formar a tinta. É mais estável se for alcalina. Os aditivos incluem fungicidas, para evitar que o crescimento de bolores se alimente dos colóides celulósicos ou outros na película seca, e biocidas, para evitar a degradação bacteriana das moléculas de coloide e espessante na lata de tinta.

A tinta é fácil de aplicar e seca rapidamente sem cheiros desagradáveis. Os pincéis e rolos podem ser limpos com água. No entanto, não foi possível, até à data, produzir uma versão satisfatória de brilho total (Turner, 1998). Para obter uma superfície lisa de alto brilho, devem ser utilizadas redes de partículas finas e quantidades relativamente grandes de polímero em solução. Além disso, é difícil manter um fluido de revestimento à base de água durante o tempo suficiente para obter uma boa fusão das sobreposições escovadas e a aplicação sobre substratos porosos pode levar a um baixo brilho.

A tinta de emulsão sólida é, de facto, uma tinta estruturada para ter uma viscosidade de baixo cisalhamento muito elevada, de modo a parecer uma gelatina rígida no recipiente.

2.12.1 Requisitos para as tintas de emulsão

Os requisitos normalizados especificados para tintas de emulsão de secagem ao ar, prontas a usar, para aplicação interior e exterior em superfícies de alvenaria, incluindo blocos de betão, em estuque, placas de cimento e de fibra reforçada e em superfícies de metal e madeira impressas adequadas, tal como especificado pela Organização de Normalização da Nigéria (SON) na Norma Industrial Nigeriana NIS 269: 2008, são enumerados no quadro seguinte

Quadro 2.4: Requisitos para tintas de emulsão

Characteristics	Requirements
Composition	Synthetic polymer dispersion in water
Coarse particle and foreign matters (%) (w/w) (max)	1.0
Viscosity	6.0 poises (min) at $27^{\circ}C \pm 2^{\circ}C$ using ICI Rot thinner
pH value	7.0 - 9.0
Application properties	Suitable for application by brush, spray or roller
Spreading rate	Not less than $10m^2$ per litre for premium and $8m^2$ per litre for standard, economy, and interior emulsion paints
Drying properties:	
Surface dry	20 minutes (max)
Hard dry	120 minutes (max)
Resistance to wet abrasion (Cycles) (minimum)	Interior Grade: 51
	Economic Grade: 101
	Standard Grade: 201
	Premium Grade: 501
Resistance to external exposure	No cracking, no colour fading, and no dirt retention
Dry film resistance to fungal growth	30% maximum growth of fungal within six months (May – October) of external exposure

Fonte: Especificações para tintas de emulsão para fins decorativos, Norma Industrial Nigeriana NIS 269: 2008.

3.0 MATERIAIS E MÉTODOS

3.1 Introdução

A produção e a análise das amostras de tinta foram efectuadas no laboratório de Química (I) da Universidade Abubakar Tafawa Balewa de Bauchi, utilizando o processo descontínuo.

3.2 Matérias-primas/equipamento

3.2.1 Matérias-primas

As matérias-primas utilizadas para a produção de tinta de emulsão foram adquiridas à Sunny Wax International Agency, A.Q 5 Mallam Madori Road, Old Panteka Market Kaduna e Muda Lawal Market Bauchi. Incluem:

Tabela 3.1: Lista de matérias-primas

Raw material	Brand
Poly vinyl acetate (PVA)	Pexi Chem Priveate Limited, New Delhi
Gum Arabic	Grade 1, Acacia Senegal
Distilled water (H_2O)	Purchased from water board Bauchi
Calcium carbonate ($CaCO_3$)	Calco, Freedom Groups
Titanium dioxide (TiO_2)	Du Pont Ti Pure
Sodium tripolyphosphate (STPP)	Innophos
Antifoam	SAF 130
Texanol	East Man Texanol[TM]
Genepor	Drugband DB00305
Preservative (formalin)	Bamboo Charcoal Technology
Ammonia (28%)	Bird Brand Ammonia
Thickener (natrosol)	Natrosol Performax[TM], Ashland

3.2.2 Equipamento

Os principais equipamentos utilizados neste trabalho de investigação são apresentados na Tabela 3.2

Quadro 3.2: Lista de equipamentos

Equipment	Model/Manufacturer
Heidolph stirrer	No 50111, Type RZR 1, Made in Germany
Weight scales:	
Digital scale	Sartorius GMBH, Type 1203, Made in Germany
Triple Beam	TJ611, OHAUS
Beakers	Pyrex
Funnel	
Testometric	200D, Made in India
Measuring cylinder	Simax CSN
pH meter	Jennway 3505, Made in UK

3.3 Conceção experimental

As concentrações de PVA e de solução de goma-arábica (GAS) foram variadas nas proporções indicadas na Tabela 3.3.

Tabela 3.3: Composição dos ligantes

Sample	Binder concentration (%)	
	PVA	GAS
A	100	-
B	80	20
C	60	40
D	40	60
E	20	80
F	-	100

3.4   Preparação da solução de goma-arábica

O exsudado de goma-arábica em bruto foi adquirido no mercado Muda Lawal em Bauchi. O exsudado de goma-arábica foi seco em estufa durante 6 horas no laboratório de solos do Programa de Engenharia Civil. Os exsudados foram selecionados manualmente, recolhendo a sujidade e outros materiais estranhos presentes no exsudado

A goma arábica peneirada foi triturada com um almofariz e pilão e peneirada com uma pilha de peneiras de 600µm, 425µm, 300µm e o recetor. 1,3 kg de pó de goma-arábica foi pesado e dissolvido em 2 L de água destilada durante 24 horas para produzir uma solução de 65% p/p de goma-arábica. Esta concentração foi escolhida porque a mesma concentração deu uma força de ligação que era próxima da do PVA depois de ter sido testada usando testometricamente 200.

3.5   Formulação para a produção de 5 litros de tinta de emulsão

Tabela 3.4: Tinta de emulsão Fórmula

Component	Quantity
Water (H_2O)	2.16 L
Calcium carbonate ($CaCO_3$)	2.04 kg
Titanium dioxide (TiO_2)	0.56 kg
Sodium tripolyphosphate	0.000166 kg
Antifoam	0.0166 kg
Texanol	0.0166 kg
Genepor	0.00667 kg
Formalin	0.0166 kg
PVA	0.5 L
Ammonia (28%)	0.0166 L
Natrosol	0.025 kg

Fonte: Anónimo (2014)

3.6 Procedimento para a produção de tintas

Foram medidos 2,16 L de água e vertidos no misturador, após o que o misturador foi ligado e o carbonato de cálcio foi gradualmente disperso no tanque de mistura e deixado a moer durante 5 minutos. O dióxido de titânio e o STPP foram dispersos e deixados a moer durante mais 10 minutos e foram adicionados outros ingredientes, conforme indicado na Tabela 3.2. Note-se que o espessante foi adicionado gradualmente, após o que a mistura foi deixada a moer corretamente antes de ser embalada.

3.7 Análise de tintas de emulsão

Foram efectuadas as seguintes análises à tinta produzida

i.   Ensaio de viscosidade

ii.   Teste de cobertura

iii.   Teste de pH

iv.   Ensaio de resistência de ligação

3.7.1 Métodos de ensaio para análise de tintas

Método de ensaio normalizado para a viscosidade da tinta (ASTM D1200-70)

O ensaio foi efectuado com um funil, um termómetro e um cronómetro. A amostra foi devidamente agitada durante 15 minutos para a tornar homogénea e deixada em repouso durante 20 minutos antes da realização do ensaio.

Foram medidos 15 ml da amostra e transferidos para um funil, fechando o orifício do funil com um dedo, e o tempo de efluxo foi determinado em segundos. O tempo de efluxo foi registado com uma aproximação de 0,2 s e a temperatura da amostra de efluxo foi também registada para cada amostra (Annual Book of ASTM Standards, 1982).

Método de ensaio da força de ligação da tinta

A força de ligação foi testada utilizando o testómetro 200. O teste foi efectuado utilizando um par de pequenos materiais plásticos que foram colados com a amostra de tinta e deixados a secar durante 24 horas. Após a secagem, os plásticos colados foram fixados no testómetro 200 e sujeitos a uma força de tração que foi registada em kgf para cada amostra.

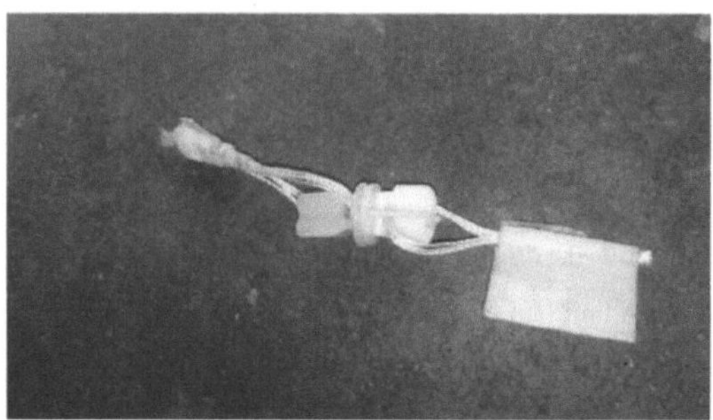

Figura 3.1: Materiais plásticos juntados utilizados no teste de resistência de ligação
(Fotografado pelo Investigador)

Método de ensaio para a determinação do valor do pH da tinta

A amostra de tinta foi agitada vigorosamente utilizando uma vareta de agitação limpa e a amostra foi deixada a repousar durante uma hora para estabilizar. O medidor de pH foi padronizado através da imersão do elétrodo do medidor de pH em água desionizada, após a obtenção de uma leitura de pH de 7, foi imerso em 40 ml da amostra de tinta que foi medida num copo de vidro e o medidor foi deixado a estabilizar antes de as leituras serem feitas e registadas para cada amostra. O elétrodo foi bem lavado com água destilada após cada leitura.

Método de ensaio para cobertura de tinta

Foi utilizada uma placa de teto para o teste de cobertura da tinta. A largura da placa do teto foi medida (60,5cm) e a altura também foi medida (81,3cm), o que deu uma área de superfície de 4918,65cm^2 (0,492m^2). Foram utilizados 140 ml da amostra de tinta para pintar a superfície e a área da placa do teto que foi pintada foi registada para cada amostra. Este volume foi escolhido arbitrariamente pelo estudante investigador para estimar a cobertura de tinta da tinta produzida nas placas do teto.

CAPÍTULO QUATRO

4.0 RESULTADOS E DISCUSSÃO

4.1   Resultados

4.1.1   Viscosidade das amostras de tinta

Após a realização do ensaio de viscosidade nas diferentes amostras de tinta, foram obtidos os seguintes resultados

Tabela 4.1: Viscosidade das amostras de tinta

Sample	Viscosity (s)				Room temperature (°C)
	1	2	3	Average	
A	101	105	104	103±1.73	28.0
B	114	112	113	113±0.82	26.5
C	163	144	155	153±7.85	26.5
D	160	157	155	157±2.08	26.0
E	130	130	121	127±4.24	26.0
F	131	131	134	132±1.41	27.0

O desvio-padrão para cada amostra foi calculado utilizando o Microsoft Excel e a equação (4.1)

$$Standard\ Deviation = \sqrt{\frac{\sum(x - \bar{x})^2}{n}} - - - - - - - - - -(4.1)$$

Em que x é a viscosidade das amostras de tinta para cada execução

x é a viscosidade média de cada amostra

N é o número de execuções efectuadas para cada amostra

4.1.2   Força de ligação de amostras de tinta

Foram obtidos os seguintes resultados para a força de ligação das amostras de tinta

Tabela 4.2: Força de ligação das amostras de tinta

Sample	Binding strength (kgf)			
	1	2	3	Average
A	0.70	0.44	0.83	0.66±0.16
B	0.52	0.61	0.68	0.60±0.07
C	0.61	0.79	0.65	0.68±0.08
D	0.58	0.48	0.61	0.56±0.06
E	0.92	0.76	0.79	0.82±0.07
F	0.59	0.76	1.09	0.81±0.21

O desvio-padrão para cada amostra foi calculado utilizando o Microsoft Excel e a equação (4.1)

4.1.3 pH das amostras de tinta

Após a realização do teste de pH nas amostras de tinta, foram obtidos os seguintes resultados

Tabela 4.3: Valores de pH das amostras de tinta

Sample	pH	Temperature (^{o}C)
A	9.05	25.5
B	7.62	25.5
C	7.27	25.7
D	7.32	25.8
E	7.50	25.5
F	7.35	25.5

4.1.4 Cobertura da pintura

Foram obtidos os seguintes resultados para o ensaio de cobertura de tinta

Tabela 4.4: Cobertura da pintura

Sample	Paint volume (ml)		Area covered (m^2)
	1st coating	2nd coating	
A	60	80	0.492
B	60	80	0.492
C	60	80	0.492
D	60	80	0.492
E	60	80	0.492
F	60	80	0.492

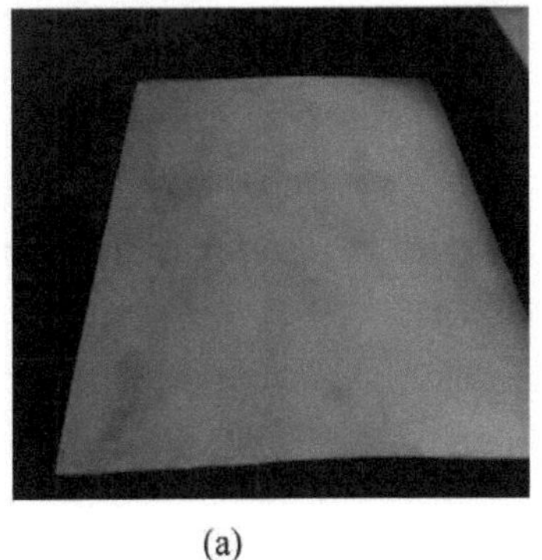

(a)

(b)

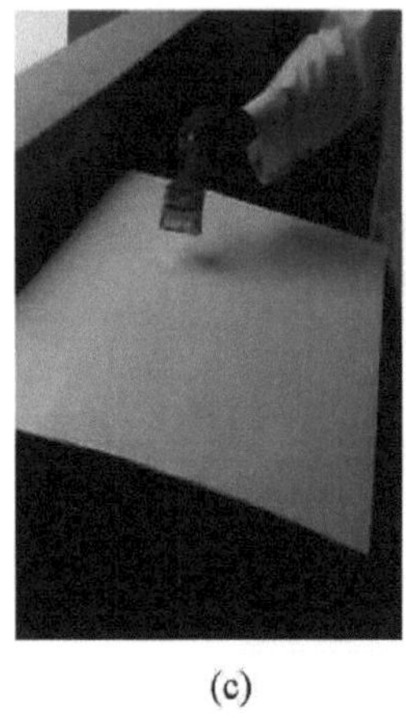

(c)   (d)

Figura 4.1: Placas de teto pintadas (fotografadas pelo estudante investigador)

4.2 Discussão dos resultados

4.2.1 Viscosidade da tinta

A Tabela 4.1 mostra as viscosidades de várias amostras de tinta produzidas, podendo-se ver que a adição de solução de goma-arábica à tinta tem um efeito na viscosidade da tinta, comparando as amostras com goma-arábica com a amostra A. A viscosidade correta da tinta é fundamental para obter um acabamento de qualidade. Uma viscosidade excessiva pode provocar a formação de casca de laranja, enquanto uma viscosidade baixa pode criar uma película demasiado húmida que provoca escorridos (Rodger, 2007). De acordo com a norma ASTM D1200-70, o tempo de efluxo deve situar-se entre 40 e 100s a uma temperatura entre 20 e 30° C, utilizando um copo de viscosidade Ford. As amostras de tinta tinham um tempo de efluxo superior a 100s, o que pode ser atribuído ao orifício do funil de laboratório que foi utilizado em vez do copo de viscosidade Ford, que não estava disponível. No entanto, as amostras de tinta apresentaram um bom fluxo e facilidade de aplicação, o que pode ser atribuído à boa viscosidade da tinta. A amostra A teve uma viscosidade média de 103±1,73 s, enquanto as amostras B, C, D, E e F tiveram viscosidades médias de 113±0,82 s, 153±7,85 s, 157±2,08 s, 127±4,24 s e 132±1,41 s, respetivamente. A partir dos resultados, as amostras B, C, D, E e F apresentaram viscosidades superiores às da amostra A, o que é atribuído à presença de goma-arábica nas amostras. Para controlar estas viscosidades, a quantidade de espessura utilizada nas várias amostras deve ser reduzida.

4.2.2 Força de ligação da tinta

O resultado da Tabela 4.2 mostra que as amostras de tinta que tinham solução de goma arábica na sua composição tinham maior força de ligação, com exceção das amostras B e D, que tinham forças de ligação de 0,60 e 0,56 kgf, respetivamente, o que é inferior ao da amostra A, que tinha 100% de PVA como ligante. Este facto pode ser atribuído a erros experimentais.

A durabilidade e o desempenho dos revestimentos de tinta dependem de duas propriedades básicas: coesão e adesão (Rodger, 2007). A coesão é a força interna de um material, a adesão é a força das ligações que se formam entre um material e outro. O teste efectuado testou a coesão e a adesão das amostras de tinta e as ligações interfaciais mostraram que as amostras de tinta têm uma boa força de ligação. Este facto foi confirmado por uma boa aderência da tinta quando esta foi utilizada para pintar um substrato. As tábuas pintadas não estavam a escamar.

4.2.3 pH da tinta

A partir da Tabela 4.3, os resultados estão em conformidade com os valores padrão de pH da tinta, conforme especificado pela Organização Padrão da Nigéria (SON). A Norma Industrial Nigeriana, (2008) especificou que o pH da tinta deve situar-se entre 7 e 9. Dos resultados obtidos, a amostra A tinha um pH de 9,05, enquanto as amostras B, C, D, E e F tinham valores de pH de 7,62, 7,27, 7,32, 7,50 e 7,35, respetivamente. As amostras que tinham solução de goma-arábica nas suas composições apresentavam valores de pH inferiores aos da amostra A, que não tinha solução de goma-arábica na sua composição. Esta diferença de pH pode ser atribuída às diferenças nos valores de pH do PVA e da goma-arábica. O PVA tem um valor de pH de 5-6,5 (Saxena, 2004), enquanto a goma-arábica tem um valor de pH de 4,5-5,0 (Jumbo Acacia, 1996); isto mostra que a goma-arábica é ligeiramente mais ácida do que o PVA.

As bactérias crescem num intervalo de pH de 4-8 e as amostras B, C, D, E e F tinham valores de pH entre 7,27 e 7,62, tendo sido observado crescimento de microrganismos nestas amostras após um período de três meses, enquanto a amostra A, que tinha um pH de 9,05, não indicava qualquer sinal de crescimento microbiano. Isto mostra que os resultados estão em conformidade com a afirmação anterior.

4.2.4 Cobertura da tinta

O resultado da Tabela 4.4 mostra que o mesmo volume de tinta cobriu a mesma área de superfície das placas de teto que foram utilizadas na análise. A amostra A, que tinha 100% de PVA como aglutinante, teve a melhor cobertura, enquanto as amostras B, C, D e E tiveram uma cobertura melhor. A amostra F, que tinha 100% de solução de goma-arábica como aglutinante, teve a menor cobertura, o que pode ser atribuído à cor acastanhada da goma-arábica em contraste com a cor esbranquiçada do PVA.

140 ml (0,14 L) de amostras de tinta cobriram uma área de 0,492 m^2. A partir do resultado, pode deduzir-se que 284,553 ml (0,285 L) cobrirão uma área de superfície de 1 m^2 de placa de teto, o que está em conformidade com a norma Dulux Paint de 0,16 L por m^2 de cobertura para placas de teto (www.dulux. co.uk/calculator).

4.2.5 Custo de produção

O custo de produção de 5 L de tinta de emulsão usando 100% PVA como aglutinante foi comparado com o custo de produção da mesma quantidade de tinta usando goma arábica como aglutinante. A análise de custos foi efectuada utilizando o Microsoft Excel 2010 e a análise é apresentada nas Tabelas 4.5 e 4.6. A Tabela 4.5 apresenta os preços de mercado dos vários componentes que foram utilizados na produção da tinta e a Tabela 4.6 apresenta o custo de produção de 5 L de tinta de emulsão utilizando 100% de PVA e 100% de goma arábica como aglutinantes.

Quadro 4.5: Preços de mercado dos reagentes de pintura utilizados

Reagent	Quantity	Price (₦)	Unit Price (₦)
Natrosol (in g)	500	1150	2.3
TiO_2 (in g)	5000	4000	0.8
Texanol (in g)	1000	1000	1
PVA (in L)	3	1140	380
Defoamer (in g)	1000	250	0.25
Genepor (in g)	1000	200	0.2
$CaCO_3$ (in kg)	25	400	16
Formalin (in g)	1000	300	0.3
Ammonia (in mL)	1000	300	0.3
STPP (in g)	1000	300	0.3
Distilled Water (in L)	15	500	33.333
GA (in kg)	7.17	2000	278.940

Tabela 4.6: Custo de produção de 5 L de tinta de emulsão utilizando 100% de PVA e 100% de goma arábica como aglutinante

COST OF PRODUCTION WITH PVA			COST OF PRODUCTION WITH GA		
Component	Quantity	Price (₦)	Component	Quantity	Cost (₦)
Water (in L)	2.1	70	Water (in L)	2.1	70
CaCO3 (in kg)	2.04	32.64	CaCO3 (in kg)	2.04	32.64
TiO2 (in g)	560	448	TiO2 (in g)	560	448
STPP (in g)	0.166	0.050	STPP (in g)	0.166	0.050
Defoamer (in g)	16.6	4.15	Defoamer (in g)	16.6	4.15
Texanol (in g)	16.6	16.60	Texanol (in g)	16.6	16.60
Genepor (in g)	6.67	1.33	Genepor (in g)	6.67	1.33
Formalin (in g)	16.6	4.98	Formalin (in g)	16.6	4.98
PVA (in L)	0.5	190	GA (in kg)	0.219	61.088
Ammonia (in mL)	16.6	4.98	Ammonia (in mL)	16.6	4.98
Natrosol (in g)	250	575	Natrosol (in g)	250	575
Total Cost		1347.73			1218.82

A partir da Tabela 4.6 acima, o custo de produção de 5 L de tinta de emulsão utilizando 100% de PVA como aglutinante foi de N1347,734, enquanto o custo de produção de 5 L de tinta de emulsão utilizando 100% de goma arábica como aglutinante foi de N1218,822. A partir do resultado, é mais barato produzir tinta utilizando goma-arábica como aglutinante. A partir do resultado da Tabela 4.6, registou-se uma redução de 10,58% no custo de produção de 5 L de tinta de emulsão utilizando goma-arábica como aglutinante, em comparação com o custo de produção da mesma quantidade de tinta utilizando PVA como aglutinante.

CAPÍTULO CINCO

5.0 CONCLUSÕES E RECOMENDAÇÕES

5.1 Conclusão

A partir dos resultados obtidos neste estudo, foram tiradas as seguintes conclusões

(i)   A goma arábica (Acacia Senegal) pode ser utilizada como um aglutinante eficaz na produção de tintas de emulsão para casa.

(ii)   A tinta de emulsão pode ser produzida utilizando 100% de goma arábica como aglutinante ou a goma arábica pode ser misturada com PVA para produzir a tinta.

(iii)   O custo de produção de 5 L de tinta de emulsão utilizando goma-arábica como aglutinante (N1218,82) é mais barato em comparação com o custo de produção do mesmo volume de tinta de emulsão utilizando PVA sintético como aglutinante, que foi calculado em N1347,73.

5.2 Recomendações

Os estudos efectuados permitem formular as seguintes recomendações

(i)   Pode ser efectuada mais investigação sobre a produção de tinta doméstica de emulsão utilizando Acacia Seyal (grau 2) e Combretum (grau 3). Os exsudados de caju, que são comuns na Nigéria, também podem ser trabalhados para ver se também podem ser utilizados como aglutinante na produção de tintas domésticas de emulsão.

(ii)   Poderá ser efectuada mais investigação utilizando um pigmento local (argila caulinite) para verificar o efeito que o pigmento local terá no custo de produção

(iii)   Outros parâmetros de qualidade, como a resistência da película seca ao crescimento de fungos, a resistência à exposição externa e a partículas grosseiras e matérias estranhas, podem ser testados em investigações subsequentes sobre tintas de emulsão para uso doméstico que utilizam goma arábica como aglutinante, a fim de verificar a qualidade da tinta produzida.

REFERÊNCIAS

Livro Anual de Normas ASTM (1982). Teste de pintura para produtos formulados e revestimentos aplicados - Parte 27. ASTM 1916 Race St., Philadelphia, Pa. 19103. Pp. 393-394, 397

Anónimo (2014). Fórmula de tinta de emulsão. Baygo Consult Nig. Empresa

Aqualon (1999). Natrasol, Propriedades Físicas e Químicas. Hercules Incorporated, Wilmington, DE. Pp. 2-3,5

Esquema Nacional Australiano de Notificação e Avaliação de Produtos Químicos Industriais (2007). Formaldeído no vestuário e noutros têxteis. Recuperado em 2009-09-01

Berendsen, A. M. (1989). Marine Painting Manual. Londres: Graham and Trotman. Pp.113

Ceresena. (2012). "Estudo de mercado de amônia". Ceresena Recuperado em 2012-11-07Connolly, E. M. (1981). Revisão do produto CEH, uma visão geral da indústria de tintas e revestimentos dos EUA. Em: Chemical Economics Handbook. SRI International, Menlo Park, CA. Pp. 592

Crook, J., e Learner, T. (2000). O impacto das tintas modernas. Publicações Watson Guptil. Nova Iorque

Dean, J. C. (1981). Revestimentos 'A estratégia da indústria de revestimentos dos EUA para a sobrevivência nos anos 80. The Chem Week Volume 29

Fuller, W.R. (1974). Solventes. In: Federation Series on Coatings Technology Unit 6. Federação das Sociedades de Tecnologia de Tintas, Filadélfia

George, T. Austin. (1984). Shreve's Chemical Process Industries. Quinta edição. McGraw-Hill Book Company, Nova Iorque. Pp. 424-425

Greenwood Norman, e Earnshaw, N. Alan (1984). Chemistry of the Elements. Oxford Pergamon Press. Pp. 1117-1119

Gordon, Aylward; e Tristan, Findlay. (1988) S.I. Chemical Data Book (4th ed.). John Wiley and Sons Australia, Ltd.

Gunther, Reuss; Walter, Disteldorf, *et al.* (2002). "Formaldehyde" in Ulmann's Encyclopedia of Industrial Chemistry, Wiley-VCH, Weinheim. Pp. 619

Harris, Gardiner (2011). Governo diz que dois materiais comuns apresentam risco de cancro. New York Times. Recuperado em 2011-06-11

Henniker, J. C. (1949). "A profundidade das zonas de superfície do líquido". Revisões de Física Moderna 21 (2):322-341

http: //www. ehow. com/li st_7641940_propertie s-pva

Agência Internacional de Investigação do Cancro (2006). IARC Monographs on Evaluation of Carcinogenic Risks to Humans (Monografias do CIIC sobre a avaliação dos riscos cancerígenos para os seres humanos). Lyon, França. Pp. 39-325

Jumbo Acacia (1996). Gum Arabic an Ancient Ingredient for the 22nd Centrury. Jornal Americano de Nutrição Clínica. Vol. 63. Pp. 392-398

Lambourne, R. (1988). Tintas e Revestimentos de Superfície: Theory and Practice. Ellis Horwood Limited. Nova Iorque. Pp. 25-29, 35-39

LaRoche (1998). Propriedades físicas do hidróxido de amónio. LaRoche Industries Inc., 1100 Johnson Ferry Road N.E., Atlanta GA

Les Caren, B. (2008). A luz é a desgraça das bactérias. Photonics.com

Madsosn, W. H. (1974). Pigmentos de cobertura e extensores de branco. In: Série da Federação sobre Tecnologia de Revestimentos, Unidade 7. Federação das Sociedades de Tecnologia de Tintas, Filadélfia

Mancusi-Ungaro, C., Potoff L., e Lunning, E. (1993). Kenneth Noland", McDonald L., Camera, Mellon Artists Interview Program, The Menil Collection Houston, Texas, Video Interview with Artist.

Martens, C.R. ed. (1974). Technology of Paints, Varnishes and Lacquers (Tecnologia de Tintas, Vernizes e Lacas). Robert E. Kriger Publishing Co., Inc., Huntington, NY. Pp. 1-11, 271-282

Marsich, E. E. (1976). RawMaterials Index. National Paint and Coatings Associação, Washington, DC

Marsich, E. E. (1977). RawMaterials Index. National Paint and Coatings Associação, Washington, DC

Max, Appl. (2006). Ammonia, em Ulmann's Encyclopedia of Industrial Chemistry. Weinheim, Wiley. Pp. 143

Murray, G. T. (1997). Manual de seleção de materiais para aplicações de engenharia. CRC Press. Pp. 242

Norma Industrial Nigeriana (2008). Especificações para tintas de emulsão para fins decorativos. Organização de Normas da Nigéria. ICS: 87.040.

Perry, Dale L., e Philips, Sidney L. (1995). Handbook of Inorganic Compounds (Manual de Compostos Inorgânicos). CRC Press. Pp. 17

Preuss, H. P. (1970). Paint Additives. Noyes Data Corp., Park Ridge, NJ.

Philips, Lance G., e Barbano, David M. (1980) "The Influence of Fat Substitutes Based on Protein and Titanium Dioxide on the Sensory Properties of Low Fat Milk". Journal of Diary Science 80 (11): 2726

Reade Advanced Materials. (2006). "Carbonato de cálcio em pó". Recuperado em 2007- 12-30

Rich, S. (ed). (1982). The Kline Guide to the Paint Industry. Sexta edição. Charles H. Kline and Co., Inc., Fairfield.

Robert, O. E. (2000). Polymer Science and Technology. CRC Press, Boca Raton, Nova Iorque. Pp. 438

Rodger Talbert (2007). Paint Technology Handbook. CRC Press. Pp. 82

Saxena, S. K. (2004). Avaliação química e técnica (AQT) do álcool polivinílico (PVA). 61st JECFA, FAO.

Stephanie, Pappa. (2011). "O mais antigo estúdio de pintura humana descoberto na caverna". Live Science, recuperado em 14 de outubro de 2011.

Stewart, W.J. (1973). Secantes de tinta e aditivos. In: Série da Federação sobre Tecnologia de Revestimentos, Unidade 11. Federação das Sociedades de Tecnologia de Tintas, Filadélfia

Turner, G.P.A. (1990). Introduction to Paint Chemistry and Principles of Paint Technology, Terceira Edição. Chapman and Hall. Londres. Pp. 85-88

Departamento de Saúde e Serviços Humanos dos EUA. (2011). "Diretriz de Segurança e Saúde Ocupacional para Carbonato de Cálcio". Recuperado em 31st março, 2011.

Winkle, Jochen (2003). Dióxido de titânio. Hannover: Vincentz Network. Pp. 5

www. dulux. co. uk/ calculadora

Wyasu, G. e Okereke, N. Z-J. (2012). Melhorando a capacidade de filme da goma arábica. J. Nat. Prod. Plant Resour., 2012, 2 (2):314-317

Yost, Don M. (2007). "Soluções de Amoníaco e Amoníaco Líquido" Química Inorgânica

Sistemática. LER LIVROS. Pp. 132

Young, M. E., Murray, M. e Cordiner, P. (1999). Consolidantes e tratamentos de pedra na Escócia. Universidade Robert Gordon

Zundahl, Steven S. (2009). Chemical Principles 6th Ed. Houghton Miffin Company. Pp.A21

yes
I want morebooks!

Buy your books fast and straightforward online - at one of world's fastest growing online book stores! Environmentally sound due to Print-on-Demand technologies.

Buy your books online at
www.morebooks.shop

Compre os seus livros mais rápido e diretamente na internet, em uma das livrarias on-line com o maior crescimento no mundo! Produção que protege o meio ambiente através das tecnologias de impressão sob demanda.

Compre os seus livros on-line em
www.morebooks.shop

Printed by Books on Demand GmbH, Norderstedt / Germany